非道路移动机械排放
远程监控
100问

李 刚 关 敏 / 著

中国环境出版集团 · 北京

图书在版编目（CIP）数据

非道路移动机械排放远程监控 100 问 / 李刚，关敏著 .
北京：中国环境出版集团，2025. 1. -- ISBN 978-7
-5111-6082-9

Ⅰ．X328-44

中国国家版本馆 CIP 数据核字第 20248EN829 号

责任编辑　丁莞歆
装帧设计　宋　瑞

出版发行　中国环境出版集团
　　　　　（100062　北京市东城区广渠门内大街16号）
　　　　　网　　址：http://www.cesp.com.cn
　　　　　电子邮箱：bjgl@cesp.com.cn
　　　　　联系电话：010-67112765（编辑管理部）
　　　　　　　　　　010-67147349（第四分社）
　　　　　发行热线：010-67125803，010-67113405（传真）
　　　　　印装质量热线：010-67113404
印　　刷　北京中科印刷有限公司
经　　销　各地新华书店
版　　次　2025年1月第1版
印　　次　2025年1月第1次印刷
开　　本　787×1092　1/32
印　　张　1.375
字　　数　25千字
定　　价　10.00元

中国环境出版集团郑重承诺：
中国环境出版集团合作的印刷单位、材料单位均具有中国环境标志产品认证。

非道路移动机械在我国国民经济中占据着重要的地位，各类非道路移动机械在各自领域都是不可替代的。但是非道路移动机械污染物排放量在移动源中的占比居高不下，仅工程机械和农业机械的氮氧化物（NO_x）排放占比就接近 30%，颗粒物（PM）排放占比更是超过了 55%。为了加强对非道路移动机械的排放监管，生态环境部进一步推进非道路移动机械排放远程监控工作，于 2023 年年底发布了《非道路移动机械排放远程监控技术规范》（HJ 1322—2023）。

为了加深对 HJ 1322—2023 的理解，协助生产企业更加科学、合理地匹配车载终端、搭建企业平台，特编制本手册。本手册共分为四部分，汇集了非道路移动机械排放远程监控工作中相关标准的条款解释及车载终端、平台联调、标准实施等方面的内容。手册中的问题主要来自作者与行业协会、高等院校、科研院所及相关企业的日常交流。对于行业企业来说，本手册是一本简洁而实用的工具书，能够帮助其更快、更好地理解 HJ 1322—2023 的相关内容。

我国非道路移动机械类型多样，远程监控技术体系复杂，本手册在有限的篇幅内无法全面描述所有内容。由于作者的知识水平和能力有限，书中难免有不妥之处，敬请广大读者不吝赐教和批评指正。

目　录

一、标准解读

三、平台联调

四、标准实施

1. 什么样的机械需要远程在线监控联网？

答：满足《非道路柴油移动机械污染物排放控制技术要求》（HJ 1014—2020）第四阶段规定的额定净功率 37 kW 及以上的非道路柴油移动机械需要远程在线监控联网。

2. 哪些机械可以豁免远程在线监控联网？

答：井下作业机械、海上平台机械等特殊用途的机械可申请豁免。对于"第二台柴油机"，需要按照 HJ 1014—2020 进行型式检验，通过检验的也可以免于安装车载终端及远程在线监控联网。豁免意味着不需要安装车载终端，不需要进行数据发送。

3. 如何理解"第二台柴油机"？

答："第二台柴油机"是指非道路移动机械装用的不提供行驶驱动力而为车载专用设施提供动力的柴油机。对于安装两台及以上柴油机的机械，从其定义来说，只要不提供行驶驱动力、仅为车载专用设施提供动力的柴油机都属于第二台柴油机。

4. 额定功率 560 kW 以上的机械是否也需要远程在线监控联网？

答：额定功率 560 kW 以上的机械若按照国家第四阶段机动车污染物排放标准（以下简称国四标准）进行信息公开，则应按照《非道路移动机械排放远程监控技术规范》（HJ 1322—2023）的要求进行远程在线监控联网，其具体实施时间由主管部门另行公布。

5. 进口机械是否需要远程在线监控联网？

答：HJ 1322—2023 规定的非道路移动机械排放远程在线监控联网要求同样适用于进口机械。

6. 工程机械都包括哪些？

答：凡土石方工程，流动起重装卸工程，人货升降输送工程，市政、环卫及各种建设工程，综合机械化施工及同上述工程相关的生产过程机械化所应用的机械设备均称为工程机械。它具体包括挖掘机械、铲土运输机械、起重机械、叉车、压实机械、路面施工与养护机械、混凝土机械、掘进机械、桩工机械、高空作业机械、凿岩机械等。

7. 工程机械和农业机械的远程在线监控要求有哪些区别？

答：工程机械需要监控定位信息、发动机数据流信息及排放控制诊断信息，而农业机械仅需监控定位信息。

8. 车载定位终端和车载排放终端有哪些区别？

答：车载定位终端适用于装用额定净功率 37 kW 及以上柴油机的包括农业机械在内的所有非道路移动机械，而车载排放终端仅适用于装用额定净功率 37 kW 及以上柴油机的工程机械。

车载排放终端和车载定位终端的技术要求略有不同，具体区别见表 1。车载定位终端仅需传输定位信息，不需要传输数据流信息和诊断信息，也没有数据存储和数据补传的要求，在数据传输过程中不需要进行数字签名，也就不需要安装安全芯片，其激活过程也与车载排放终端不同。

表 1　车载终端技术要求

技术要求		车载排放终端	车载定位终端
功能要求	开机自检	√	√
	激活	√	√
	数据采集	数据流信息、诊断信息、定位信息	定位信息
	数据存储	√	—
	数据传输	√	√
	数据补传	√	—
	拆除报警	√	√
性能要求	适应性	√	√
	防护性	√	√

技术要求		车载排放终端	车载定位终端
性能要求	耐久性	√	√
	定位性能	√	√
	电磁兼容性	√	√
数据安全性要求	安全芯片	√	—
	安全策略	√	√

注："√"表示有该项要求;"—"表示无该项要求。

9. 远程监控数据的传输流向是怎样的?

答:远程监控采用"车载终端—企业平台—国家平台"的三级传输架构,见图 1。其中,车载终端第一次启动时应直接向国家平台发送激活信息,一旦激活成功,则按照"车载终端—企业平台—国家平台"的传输路径正常采集并传输数据。

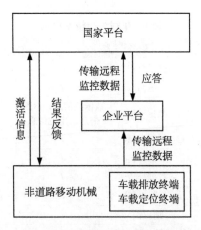

图 1 非道路移动机械排放远程监控数据流向框架

10. 车载终端与国家平台之间的传输路径需要一直保持开放吗？

答：一旦激活成功，车载终端应关闭该通路，即车载终端与国家平台之间仅进行一次双向通信。

11. 国四标准机械未销售前，车载终端是否需要激活？

答：是。HJ 1322—2023 规定，非道路移动机械应在机械出厂前完成车载终端的激活。

12. 车载排放终端的激活过程是怎样的？

答：工程机械在出厂前应按图 2 规定的程序进行车载排放终端的激活。激活之前，工程机械应完成信息公开，并在国家平台进行备案。国家平台根据激活信息判断是否激活成功，并下发激活结果。一旦激活成功，工程机械即可按照标准要求采集数据，并向企业平台进行传输。

13. 车载排放终端的激活信息包括哪些？

答：车载排放终端的激活信息包括安全芯片标识 ID（以下简称芯片 ID）、储存在安全芯片中的公钥和机械环保代码（MEIN）。车载排放终端的激活信息应通过安全芯片中存储的私钥添加数字签名后传输至国家平台。

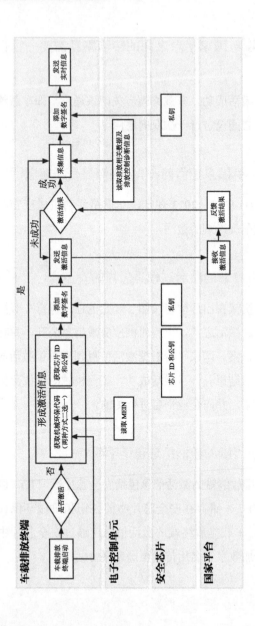

图 2　车载排放终端激活流程

14. 车载定位终端的激活过程是怎样的？

答：非道路移动机械应在出厂前进行车载定位终端的激活（图3）。具体激活流程与车载排放终端类似，但是激活信息不包括芯片 ID 和公钥，也不需要添加数字签名。

15. 机械环保代码在远程监控中起什么作用？

答：机械环保代码是为识别机械，由机械生产 / 进口企业根据 HJ 1014—2020 要求为其生产、进口的每一台机械指定的一组字码，是该机械的唯一身份识别信息，应写入车载排放终端或电子控制单元 [包括机械电子控制单元（MCU）和发动机电子控制单元（ECU）等]。写入电子控制单元是为便于车载终端未来进行可能发生的更换等操作。

16. 机械环保代码的编写规则是什么？

答：机械环保代码共 17 位，由一组字母和数字组成。对于已执行《土方机械　产品识别代码系统》（GB/T 25606—2010/ISO 10261:2002）的机械，机械环保代码可用机械产品识别代码（简称 PIN 码）代替；对于其他机械，机械环保代码的编写规则见 HJ 1014—2020 附录 K。

17. 数据防篡改是如何实现的？

答：数据是以二进制形式进行传输的。当车载终端采集

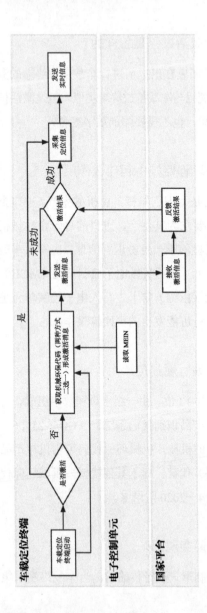

图 3 车载定位终端激活流程

数据后，应在车载终端内进行数字签名。该数字签名是通过保存安全芯片中的私钥，并基于采集的数据通过一定的运算进行的，签名与该数据一一对应，机械要将签名后的数据连同数字签名一并发送至国家平台。国家平台在接收数据后，可以通过该机械激活时传输的公钥对数字签名进行验证。因此，数据在传输过程中一旦被篡改，数据验签将不予通过。

18. 数字签名是什么？

答：数字签名是指附加在数据单元上的数据，或是对数据单元所做的密码兑换。这种数据或兑换允许数据单元的接收者用以确认数据单元的来源和完整性，并保护数据防止被人（如接收者）伪造或抵赖。

数字签名应使用存储在安全芯片中的私钥进行。车载终端激活时需要把对应的公钥传输至国家平台，国家平台使用公钥对接收的数据及数字签名进行验证。

19. 农业机械远程监控需要上传哪些数据？

答：车载定位终端上传的数据包括经度、纬度和状态位，无须上传排放相关数据。

20. 工程机械远程监控需要上传哪些数据？

答：工程机械除传输定位数据外，还应采集并传输排放相关数据（表2）和排放控制诊断信息（表3）。

表 2 车载排放终端采集的排放相关数据

序号	数据项
1	车速 a
2	大气压力（直接测量值或估算值）
3	发动机净输出扭矩（与发动机最大基准扭矩的百分比）或发动机实际扭矩／指示扭矩（与发动机最大基准扭矩的百分比，如依据喷射的燃料量计算获得）
4	摩擦扭矩（与发动机最大基准扭矩的百分比）
5	发动机转速
6	发动机燃料流量
7	SCR 上游 NO_x 传感器输出 a, b
8	SCR 下游 NO_x 传感器输出 b
9	反应剂余量 b
10	进气量
11	SCR 入口温度 b
12	SCR 出口温度 a, b
13	DPF 压差 c
14	TWC 上游氧传感器输出 d
15	TWC 下游氧传感器输出 d
16	TWC 温度传感器输出（上游、下游或模拟） d
17	TWC 下游 NO_x 传感器输出 a, d
18	发动机冷却液温度
19	油箱液位 a
20	实际 EGR 阀开度 e
21	设定 EGR 阀开度 e

注：a 若机械无相关传感器或模拟值，则该参数应上传无效数据。

b 若机械未采用 SCR（选择性催化还原）技术，则该参数应上传无效数据。

c 若机械未采用 DPF（颗粒捕集器）技术，则该参数应上传无效数据。

d 若机械未采用 TWC（三元催化器）技术，则该参数应上传无效数据。

e 若机械未采用 EGR（废气再循环系统）技术，则该参数应上传无效数据。

表 3　车载排放终端采集的排放控制诊断信息

序号	数据项
1	排放控制诊断协议
2	排放控制报警灯状态
3	排放控制故障码总数
4	排放控制故障信息列表

21. SCR 下游 NO_x 传感器是必须安装的吗？

答：装用额定净功率 37 kW 及以上柴油机时，如果装有 SCR 后处理系统，则必须安装 SCR 下游 NO_x 传感器，远程监控必须传输 SCR 下游 NO_x 浓度信息。

22. 未采集的数据应如何传输？

答：对于未采用相应技术的机械，该技术对应的相关数据应按照无效值进行传输。

23. 净扭矩、实际扭矩、摩擦扭矩如何上传？

答：按照净扭矩、实际扭矩和摩擦扭矩的相互关系上传。如果"净扭矩/实际扭矩"参数项上传了净扭矩百分比，则摩擦扭矩应传输无效值；如果"净扭矩/实际扭矩"参数项上传了实际扭矩百分比，则摩擦扭矩应传输百分比。

24. 对车载终端定位精度的要求是什么？如何进行测试？

答：根据 HJ 1322—2023 的要求，车载终端的水平定位精度不超过 10 m，最小位置更新频率为 1 Hz，冷启动从系统加电运行到实现捕获的时间不超过 120 s，热启动实现捕获的时间小于 10 s。定位精度测试按照 HJ 1322—2023 中的 A.7.3.2 条进行。

25. 远程监控数据如何传输？对传输频率的要求是什么？

答：远程监控的数据从柴油机采集到车载终端，然后由车载终端转发至企业平台，再由企业平台转发至管理平台。其对传输频率的要求是 10 min 至少上传 1 次（每 10 min 上传 1 s 的数据）。

26. 传输数据是否需要加密？如何进行加密？

答：车载终端向企业平台传输数据在标准中未作加密要求，企业可自行决定是否加密。企业平台向国家平台传输数据应进行加密，可以选择 SM2、SM4、RSA、AES128 中随意一种加密方式进行加密。

27. 如何理解统计值传输？需要传输哪些统计值？

答：统计值是指机械运转时各参数逐秒累加后的平均值

（SCR 上下游的 NO_x 浓度、SCR 出入口温度、发动机燃料流量）和逐秒数据经过运算后得到的新参数（发动机平均功率、SCR 上下游的 NO_x 平均质量流量）。统计值传输是为了更好地实现对机械实际运转时排放情况的掌握。需要上传的统计值参数见 HJ 1322—2023 中的表 4。

28. 传输的统计值应基于哪些数据进行计算？

答：统计值应基于该统计周期内所有的有效数据进行计算。在以至少 1 Hz 频率采集的原始数据中，仅当某一时刻所有计算中的所需数据项均有效时（取值处于 HJ 1322—2023 中表 4 数据的有效范围内），该时刻的数据才为有效数据。也就是说，某一时刻哪怕只有一项数据无效，该时刻的所有数据均不纳入计算。

29. 在统计值传输中，若统计值计算所需的某个数据项未采集，那么按照有一个参数无效则该时刻数据都不作为有效数据的原则，该机械所有时刻的数据都将作为无效数据。这样的话，统计值如何计算？

答：若某项统计值计算所需参数未采集（如对于未装有 SCR 技术的机械，与 SCR 相关的 5 项参数均传输无效值；或虽装有 SCR 技术，但 SCR 上游 NO_x 传感器传输了无效值等），则统计值计算时该数据不纳入有效数据的判定。

30. 统计值计算是否需要进行测试验证？

答：车载终端在测试时需要对统计值的一致性进行验证。测试可以与瞬态数据一致性测试同时进行，要求各项统计值的误差要小于 5%（具体测试要求见 HJ 1322—2023 中的 A.7.3.3.6 条）。

31. 满足国四标准的移动机械停止工作期间是否需要上报国标数据？

答：停止工作期间不需要上报数据。

32. 耐久性（7 年）之后还需要传输远程监控数据吗？

答：需要。远程监控数据传输是全生命周期的要求。

33. 数字签名应遵循什么标准进行？

答：数字签名应遵循《SM2 密码算法使用规范》（GM/T 0009—2023）的相关要求，对每个完整的数据包进行一次签名，签名应使用保存在安全芯片中的私钥进行。

34. 如何理解报警灯相关指示器？

答：HJ 1322—2023 中一共有 3 条规定涉及报警灯相关指示器：

① 5.1.3 条要求"当车载终端故障、联网状态异常或

车载终端被拆除时，应通过报警灯相关指示器提示机械操作者"；

②"5.2.1 开机自检"要求车载终端通电开始工作 10 s 内，报警灯相关指示器一定要持续激活（提示网络通信是否正常、功能是否正常），之后则可以熄灭；

③"5.2.7 拆除报警"要求当车载终端被拆除时，机械应激活报警。

以上均是必须满足的要求，根据机械各自功能，可以采用相同的报警灯相关指示器，也可以采用不同的报警灯相关指示器，这由企业决定。

报警灯相关指示器可以是不同频率的闪烁灯、不同颜色的闪烁灯、文字信息及图标等。如果是不同频率或者不同颜色的闪烁灯或者图标的形式，则应以一定形式明确告知用户不同频率、颜色和图标的具体含义。HJ 1322—2023 中未要求报警灯相关指示器必须可见，但建议可见。

如果在显示屏上能正确显示与车载终端相关的故障代码和中文描述，能明确指示该故障是与车载终端相关的故障，而不与其他故障混淆，则视为满足标准要求。

35. 企业可以通过多个企业平台进行数据传输吗？

答：企业可使用一个及以上的企业平台，也可委托其他机构建设运行企业平台传输数据，不同平台之间可独立运行。

36. 企业平台有哪些功能要求？

答：企业平台应具有数据接收、存储、传输的基本功能。对于数据存储，企业平台应具有存储机械全生命周期内传输的数据的功能，其中至少 5 年内的数据应作为热数据存储，5 年以上的数据可作为冷备数据存储，单台机械的热数据查询响应时间不应大于 5 s。

37. 企业平台存储的静态数据有哪些？

答：企业平台应存储安全芯片信息、车载终端信息、机械信息三类静态数据，具体信息内容见 HJ 1322—2023 附录 B。企业平台存储的静态信息均应传输至国家平台。

38. 企业平台有哪些性能要求？安全等级要求是什么？

答：企业平台数据转发时延不应大于 10 s，数据传输周期最长不应超过 10 min，数据传输丢包率不应大于 1%。企业平台应满足《信息安全技术　网络安全等级保护基本要求》（GB/T 22239—2019）中安全等级保护第二级及以上的要求。

39. 信息系统安全等级保护备案证明如何办理？

答：安全等级证书需要到当地的网络安全机关备案，经专家评审会定级后由网络安全机关颁发信息系统安全等级保护备案证明。

40. 企业平台向国家平台传输数据有时限要求吗？

答：企业平台数据转发时延应不大于 10 s，即企业平台收到车载终端传输的数据后，应该在 10 s 内将该数据传输至国家平台。

41. 如何证明企业平台满足标准要求？

答：生产企业应按照 HJ 1322—2023 的规定，对企业平台进行自评估，以确保在满足一切功能和性能要求后，按照该标准附录 E 的要求形成自评估报告，并在加盖企业公章后传输至国家平台。

42. 车载终端应上传驾驶员报警系统的激活状态信息，该信息是否有标准的报文格式？

答：有。中国内燃机工业协会发布的团体标准《非道路移动机械用柴油机 NCD/PCD 系统信息定义　技术规范》（T/CICEIA/CAMS 28—2021）作为非道路国四标准的补充，明确了 NCD/PCD 诊断信息的报文标准格式。对于国际标准中未明确规定的报文信息可参照该标准执行，以便于型式检验及市场监管，包括远程信息采集和上传等。团体标准制定时与美国汽车工程师学会（SAE）同步做了技术对接，国际标准协议文件 ISO 1979 及 SAE 1939 于 2022 年年初进行了更新，可作为产品开发的参考。

43. 远程终端数据传输时若通过 ISO 15031、ISO 27145 协议无法直接读取故障码总数，是否可以通过 SAE 1939 协议读取？

答：HJ 1014—2020 表 H.6 中的"排放控制故障码总数"是指 NCD/PCD 系统相关故障的故障码总数。HJ 1014—2020 规定，在 ISO 15031、ISO 27145、SAE 1939 中可以任意选择一种协议，只要能够支持故障码的读取和远程上传即可，不强制要求采用哪种具体协议。

44. 车载终端和企业平台还应满足哪些要求？

答：车载终端的定位、数据采集和传输，企业平台的服务器设置、网络数据存储和应用等均应满足相关管理部门的法律和法规规定。

二、车载终端

45. 车载终端在何时装配?

答: 装用额定净功率 37 kW 及以上柴油机的非道路移动机械应在出厂前加装车载终端。机械生产企业应采取必要的技术措施,在机械全寿命期内作业时按照 HJ 1322—2023 要求进行数据传输。

46. 车载终端的安装有什么要求?

答:安装车载终端不得占用排放控制诊断接口。

47. 车载终端何时开始传输数据?

答:车载终端应在发动机启动后 120 s 内开始传输数据,发动机仅上电、未启动时可不传输数据。

48. 如何理解车载终端的数据存储要求?

答:车载定位终端无数据存储和补传的要求。车载排放终端应具有数据存储能力,至少满足 168 h 机械工作状态(168 h 代表了数据存储能力)的数据存储要求。

49. 车载终端断电后，其存储的数据可以清除吗？

答：不可以。当车载排放终端断电停止工作时，应能够完整地保存断电前存储的数据。

50. 如何理解车载终端的数据补传要求？

答：当数据通信链路异常时，车载排放终端应将需要传输的数据进行本地存储。在通信恢复正常后补传恢复通信时刻前 120 h（工作小时数，不是自然时间）内的数据，补传仅需传输通信链路异常期间存储的数据，机械工作 120 h 内已经正常传输的数据无须补传。

51. 如何理解车载终端的防拆除技术措施？

答：机械生产企业应具有车载终端防拆除技术措施。未经机械生产企业授权，应尽可能确保车载终端无法被拆除。具体防拆除技术措施由企业确定，可以采用硬件或软件等方式。

52. 车载终端发生故障或被拆除后应如何响应？

答：当车载终端在未经机械生产企业授权的情况下被拆除时，机械应激活报警。在技术允许的情况下，可按照 HJ 1322—2023 附录 C 规定的通信协议传输拆除报警信息。报警信息包括拆除时间和定位信息。

53. 车载终端被拆除后的报警是必需的吗？

答：车载终端在未经机械生产企业授权的情况下被拆除后，机械应首先激活报警，这是强制性要求。此外，在技术允许的情况下可传输拆除报警信息，这是可选要求。

54. 车载终端属于污染控制装置吗？

答：按照 HJ 1322—2023 的定义，车载终端属于污染控制装置。

55. 车载终端属于质保件吗？

答：车载终端属于质保件，其发生故障或损坏后，机械生产企业应按照 HJ 1014—2020 中 5.8 条规定的质保期要求提供车载终端的质保服务。

56. 如何理解车载终端的耐久性？

答：耐久性是车载终端的一项性能要求。车载终端的设计和生产应能达到耐久性指标，并且要对车载终端耐久性试验进行验证，并非"超过耐久性就可以不传输数据"。

57. 车载终端可以具有企业自定义的其他功能吗？

答：车载终端如具有非 HJ 1322—2023 要求的其他功能，则该标准要求的功能应具有独立性。

58. 车载定位终端没有存储和补传的要求，是否意味着农业机械不需要存储 7 天的数据，也无须补传数据？

答：是的。农业机械无须存储 7 天的数据，也无须补传数据。

59. HJ 1322—2023 对车载终端的安全芯片有具体要求吗？

答：安全芯片应满足以下要求：①具备唯一的芯片 ID，芯片 ID 由 4 位芯片型号标识符和车载排放终端生产企业自定义的最多 12 位字符组成；②存储芯片 ID 和密钥，即应由安全芯片生产企业进行密钥注册，芯片 ID 和公钥可以读取，私钥不可读、不可改；③安全等级应满足《安全芯片密码检测准则》（GM/T 0008—2012）中的安全等级 2 级要求或产品安全保证级别不低于 EAL4+ 级的要求，且具备商用密码产品认证证书；④密钥强度应为 256 bit；⑤数字签名速度应不小于 50 次 /s。

60. 证明一款车载终端满足标准要求需要专业的第三方检测报告吗？哪些机构可以出具？

答：需要专业的第三方检测报告。与生态环境主管部门联网的检测机构一般均具有该能力。

61. 车载终端应进行哪些测试？对开展测试的检验机构有哪些要求？

答：车载终端应按照 HJ 1322—2023 中表 1 的要求进行测试。任何具备 HJ 1322—2023 中要求的检测资格且与生态环境主管部门视频联网的检测机构均可开展测试，并出具 CMA 检验报告。

62. 车载终端的测试是需要主机厂提供整机，还是提供车载终端即可？

答：目前各检测机构都备有整车，企业仅需提供车载终端。

63. 车载排放终端设备装在驾驶室内的仪表台下（仪表台下方没有装覆盖件，可以肉眼看到排放终端），该车载终端是否属于暴露安装？应执行哪个防护等级要求？

答：防护性能测试主要考核防水防尘性能，车载终端肉眼可见的安装方式应按照暴露安装开展试验。

64. 关于数据一致性测试，若机械无法达到 HJ 1322—2023 中提出的车速 10 km/h 的测试要求，是否有解决方案？

答：可以使用其他类型的机械进行测试，如检验机构提供的机械等。

三、平台联调

65. 国四联调预约前需要准备什么?

答:国四联调预约前需要进行以下准备:①平台跳转,企业需通过登录机动车和非道路移动机械环保信息公开系统(以下简称环保信息公开系统)跳转至生态环境部非道路移动机械远程排放服务与管理平台(以下简称国家平台),未在环保信息公开系统注册的企业应先进行账号注册;②平台转发账号申请,可在国家平台进行;③静态信息备案,车载终端备案授权由供应商提供;④单机信息公开,非道路移动机械生产企业在进行正式机械信息备案前,须在环保信息公开系统中完成单机信息公开;⑤机械信息备案。

66. 国四联调怎么预约?

答:企业需通过国家平台进行国四联调预约。具体方法是,从环保信息公开系统跳转至国家平台的非道路远程监控平台,点击右侧联调预约申请,填入相关信息后等待确定联调时间。

67. 企业如何申请转发账号？

答：企业平台正式接入前，可在国家平台进行平台转发账号申请，并填报申请资料。企业应在资料管理中下载平台自评估模板，完成自评估报告后填写转发账号申请相关信息。国家平台审核通过后（国家平台关于转发账号申请、联调预约申请及联调检测结果的审核时间均为 1 个工作日内，下文不再重复），为企业平台分配相应账号；如审核不通过，平台会告知企业原因。

68. 车载终端备案授权需要哪些信息？

答：非道路移动机械生产企业应通过接口进行车载终端备案及授权。备案及授权信息包括终端型号、终端生产厂商机构代码、终端生产厂商、终端生产厂商说明、联系人姓名、联系人电话、车载终端检测报告扫描件、终端厂商营业执照图片、车载终端授权使用证书。

69. 机械信息备案是否必须完成？

答：必须完成。机械信息备案现区分为测试机械备案与正式机械备案。非道路移动机械生产企业将机械属性、机械环保代码及其对应的车载终端型号信息通过接口上传至国家平台进行备案。

70. 国家平台联调审核数据结果合格后如何反馈？如何在国家平台上查看？

答：联调当天国家平台工作人员会将相关人员（主机厂负责人、终端厂商负责人）拉到微信群中，群内会反馈当天的联调结果，也可以在国家平台的非道路移动机械远程监控平台中查看联调结果。

71. 国家平台联调过程中使用的机械和终端设备绑定提交之后是否可以更换？

答：不能更换，如需更换需要重新预约联调。

72. 厂家是否可以使用多家设备和平台进行国四联调接入？

答：可以。一个厂家可以接入多家车载终端设备，但是每一种设备型号、每一个平台都需要预约一次联调。

73. 国四标准机械与国家平台联调需要多长时间的数据？

答：需要 1 h 左右的数据（1 h 的机械行驶定位数据、排放相关信息等，以及上传时间段前后的登入、登出数据）。

74. 国四标准机械与国家平台实车联调期间需要注意哪些事项？

答：联调前，应备好机械燃油等，避免联调被迫中断。联调时，需要现场与企业平台人员保持沟通并进行协作，以完成联调数据准备，还需要准备一段直线距离大于 150 m 的路线，用于机械行驶、上报数据。另外，由于要模拟中断拆除，需确保终端接口易于断开，以避免不必要的烦琐操作。

75. 联调期间对现场人员有无特殊要求？

答：联调期间最好由具有机械相关知识的技术人员给予支持。操作人员对于农业机械需要有相应的驾驶能力，注意行车安全。

76. 国家平台联调申请需要注意什么？

答：按照国家平台网页指示，应确保填写正确的环保代码等信息并进行核对，以免造成不必要的反复。

77. 车载定位终端与车载排放终端相比，哪些项目可以不作要求？

答：车载定位终端对与排放相关的数据采集、数据一致性、数据存储、数据补传、安全芯片无要求。

78. 可以在非生产环境中进行联调吗？

答：不可以，须在生产环境中进行联调。

79. 国家平台目前有可以提供调试的测试环境吗？

答：因为非道路移动机械企业众多、联调工作量较大，国家平台尚无法提供统一的测试环境。

80. 车载终端在备案时报错，应该检查什么？

答：应该检查填报信息是否完整、正确，检测报告是否提交并符合要求。

81. 车载终端在激活时不成功，应该检查什么？

答：应该检查该机械是否完成信息公开、终端型号是否完成备案、激活信息是否符合数据单元格式要求。

82. 平台间通信加密密钥有有效期吗？

答：有。加密密钥的有效期为 3 个月。

83. 多个账号传输数据时是共用一套密钥，还是不同账号使用不同的密钥？

答：不同账号使用不同密钥。

84. HJ 1322—2023 表 C.8 "定位状态位定义"中，4～7 位要求保留，那么应用 0 补位还是用 1 补位？

答：一般情况建议用 0 补位。

85. 装配了 SCR/DPF 的工程机械是否只需要采集并发送 IIJ 1322—2023 表 C.11 和表 C.12 中的数据，只有装配了 TWC 的工程机械才按照 HJ 1322—2023 表 C.13 发送吗？

答：是的。HJ 1322—2023 表 C.11 和表 C.12 适用于装配 SCR/DPF 的工程机械，表 C.13 适用于装配 TWC 的工程机械。

四、标准实施

86. HJ 1322—2023 实施后，企业需要开展哪些工作才能满足相关要求？

答：企业应按照 HJ 1322—2023 要求完成车载终端测试，并与国家平台进行联调，以确保终端上传数据满足 HJ 1322—2023 的要求。

87. HJ 1322—2023 实施后，企业平台是否还需要重新进行联网联调？

答：需要。企业平台满足该标准要求后，应向国家平台提供企业平台自评估报告，提出联调预约申请，着手开展联调工作。

88. 如果远程监控终端需要更换，该如何申请？

答：通过国家平台静态信息备案对外接口提交变更信息完成变更，更换车载终端后即可重新激活。

89. 更换终端备案和机械删除备案时，是用原来备案时的 HJ 1014 接口账号，还是用新申请的基于 HJ 1322 协议的新接口账号？

答：更换终端需选择更换类型：HJ 1014 换 HJ 1014，HJ 1322 换 HJ 1322，HJ 1014 换 HJ 1322。对于协议不变的更换，更换后重新激活即可；对于协议变更的更换，需填报新协议相关信息再重新激活；HJ 1322 协议不允许更换为 HJ 1014 协议。

90. HJ 1322—2023 实施后，已经按照 HJ 1014 协议联网的机械是否需要切换新协议？

答：2024 年 7 月 1 日前已经备案且激活的车载终端仍按照 HJ 1014 协议要求进行数据传输，无须进行切换。

91. 2024 年 7 月 1 日之后，使用 HJ 1014 协议的机械还能备案和激活吗？是应立即切换，还是可并行一段时间？

答：2024 年 7 月 1 日之后，只接收满足 HJ 1322—2023 要求的车载终端备案和激活。

92. 在 HJ 1322—2023 实施之前已经备案成功的车载终端，且安装在 2024 年 7 月 1 日之前已经完成生产和单机信息上传的机械上，在该标准实施后还可以发送激活信息吗？

答：对于库存机械，在 HJ 1322—2023 实施后仍可按照 HJ 1014 协议进行激活。

93. 车载定位终端和车载排放终端使用的是同一款产品，终端备案平台上可否重复注册同样的产品型号？相应车载定位终端检测报告可以直接使用车载排放终端的报告吗？

答：允许车载排放终端和车载定位终端产品型号相同，应分别出具符合 HJ 1322—2023 要求的 CMA 报告并完成备案。

94. 车载排放终端可以直接当作车载定位终端使用吗？

答：车载排放终端可以直接当作车载定位终端应用于非工程机械，但应保证其生产一致性符合排放终端要求。

95. 已经安装过车载终端且应用在井下的设备是否需要进行豁免备案？

答：可以进行豁免备案。

96. 井下设备是否有豁免标签的要求？

答：HJ 1322—2023 暂未提出豁免标签的要求。

97. 终端和装备出厂时间不一致时应如何处理？以 2024 年 7 月 1 日为界限，旧终端匹配新装备及新终端匹配旧装备应如何在 HJ 1014 和 HJ 1322 协议中进行选择？

答：以机械生产下线并完成信息公开的时间为准。2024 年 7 月 1 日以前生产并完成信息公开的移动机械，可匹配 HJ 1014 或 HJ 1322 协议的车载终端；2024 年 7 月 1 日以后生产下线并完成信息公开的移动机械，仅可匹配 HJ 1322 协议的车载终端。

98. 一个车载终端供不同的整机企业使用，是否只对应一个芯片前 4 位的标识符？

答：是的。

99. HJ 1322—2023 要求的加密芯片 ID 前 4 位标识符是否需要重新申请？

答：在终端备案系统 https://czzd.vecc.org.cn/login 备案后，系统将自动重新分配。

100. 不同子公司共同使用母公司的统一平台，可以只进行一次信息系统安全等级保护备案吗？

答：仅需对统一的企业平台进行一次信息系统安全等级保护备案。